一看就懂的 圖解 物理

② 電與磁

中國科學院物理專家 周士兵 著

星蔚時代 繪

新雅文化事業有限公司

www.sunya.com.hk

一看就懂的圖解物理②

電與磁

作　　者：周士兵
繪　　圖：星蔚時代
責任編輯：劉慧燕
美術設計：劉麗萍
出　　版：新雅文化事業有限公司
　　　　　香港英皇道 499 號北角工業大廈 18 樓
　　　　　電話：(852) 2138 7998
　　　　　傳真：(852) 2597 4003
　　　　　網址：http://www.sunya.com.hk
　　　　　電郵：marketing@sunya.com.hk
發　　行：香港聯合書刊物流有限公司
　　　　　香港荃灣德士古道 220-248 號荃灣工業中心 16 樓
　　　　　電話：(852) 2150 2100
　　　　　傳真：(852) 2407 3062
　　　　　電郵：info@suplogistics.com.hk
印　　刷：中華商務彩色印刷有限公司
　　　　　香港新界大埔汀麗路 36 號
版　　次：二〇二四年四月初版
版權所有·不准翻印

ISBN：978-962-08-8349-1

目錄

電與磁

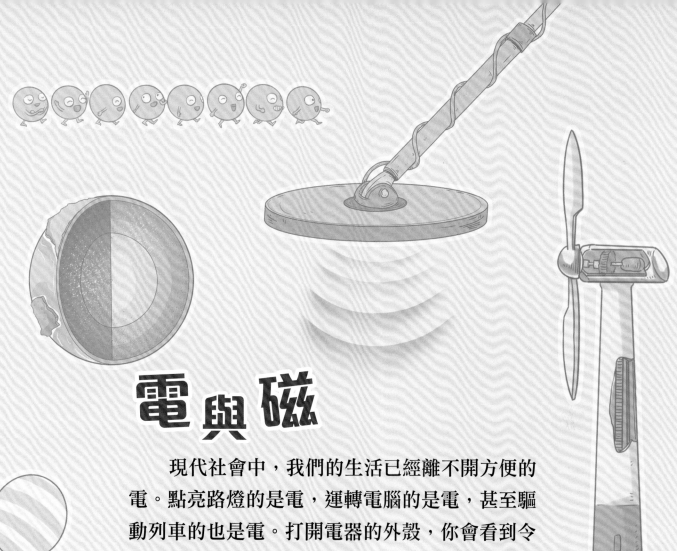

電與磁

　　現代社會中，我們的生活已經離不開方便的電。點亮路燈的是電，運轉電腦的是電，甚至驅動列車的也是電。打開電器的外殼，你會看到令人眼花繚亂的電路板，人們是如何控制電並讓它為我們工作的呢？不要着急，在接下來的故事中你會深入了解電的方方面面，並且認識一位與它息息相關的伙伴——磁，讓這對相生相伴的小伙伴告訴你所有問題的答案吧！

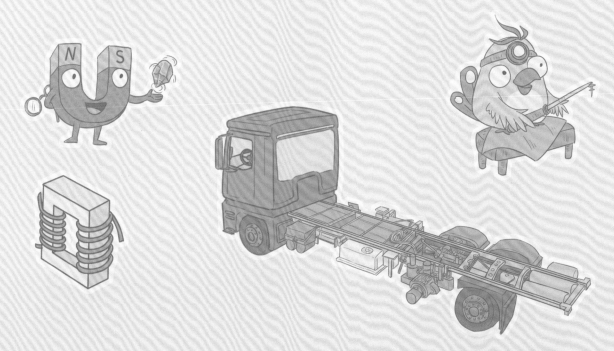

自然界中的神奇能量——電

這雷雨太嚇人了，還不時有閃電呢！

電光一晃，閃亮登場！

嘩！

你是誰？

我是電，一種自然現象和能量。

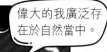

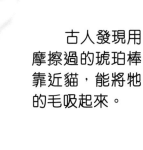

偉大的我廣泛存在於自然當中。

古人發現用摩擦過的琥珀棒靠近貓，能將牠的毛吸起來。

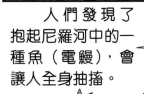

人們發現了抱起尼羅河中的一種魚（電鰻），會讓人全身抽搐。

這些現象都是因為有我存在。

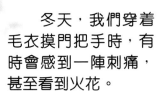

冬天，我們穿著毛衣摸門把手時，有時會感到一陣刺痛，甚至看到火花。

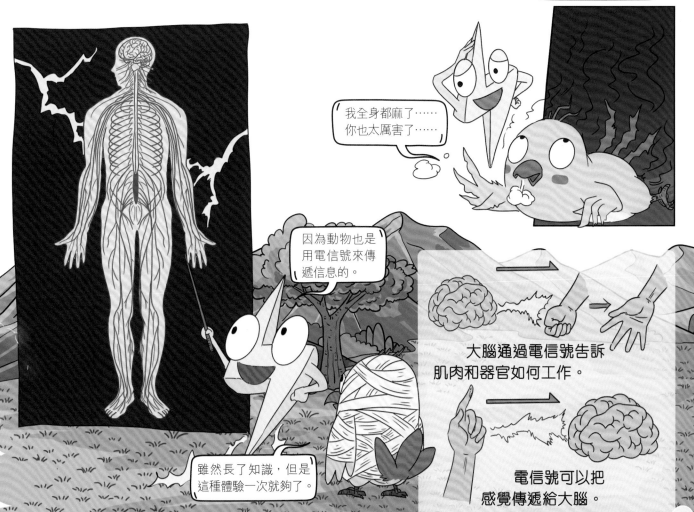

電從何而來

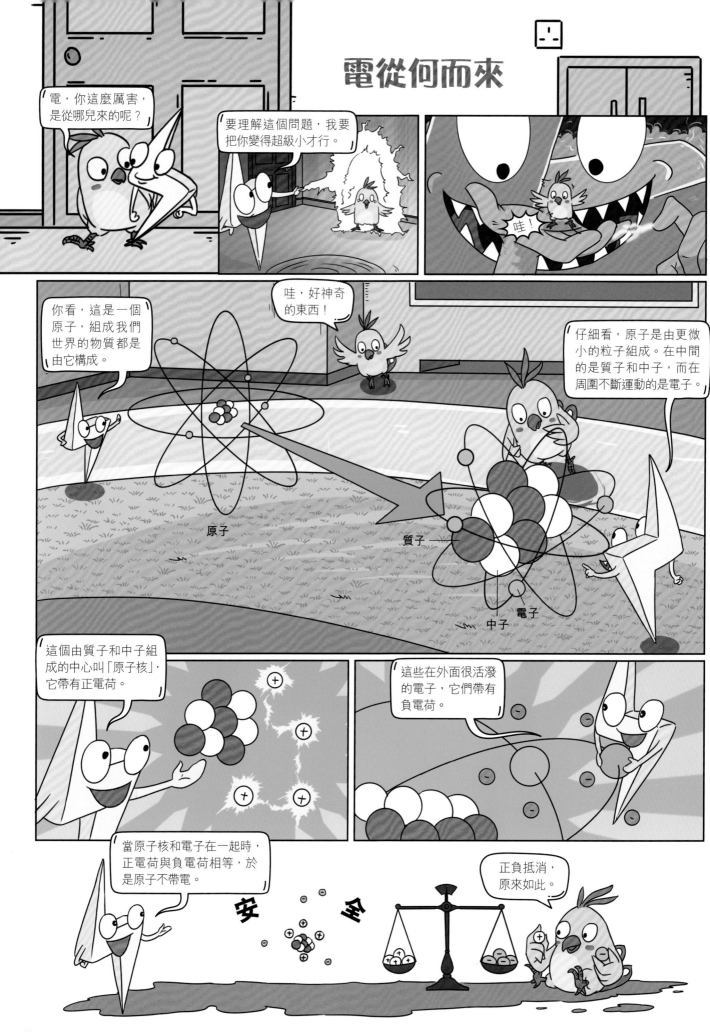

有時原子會把電子弄丟，比如我把電子拿走，它就帶了正電。

噢，這樣不太好吧！

有時原子也會得到更多的電子，這時它就帶了負電。

感覺有些擁擠啊！

在這兩種情況，原子都帶了電。電子的移動產生了電。

要讓電子移動簡單嗎？

有時非常簡單。

比如，將玻璃棒用絲綢摩擦一下，它就能吸起碎紙屑，因為它帶電了。

因為摩擦把電子都移動到絲綢上，所以玻璃棒就帶了正電。

將兩根一樣的玻璃棒都用絲綢摩擦後再靠近，它們會相互排斥，因為它們帶了同種電荷。

我們一樣，你不要過來啊！

如果把其中一根換成毛皮摩擦過的橡膠棒，它們立刻就相互吸引。

因為用毛皮摩擦後，電子都跑到橡膠棒上了，所以橡膠棒帶負電。

快過來團圓啊！

現在覺得電很容易出現吧！

哈哈，確實很簡單。

容不容易導電

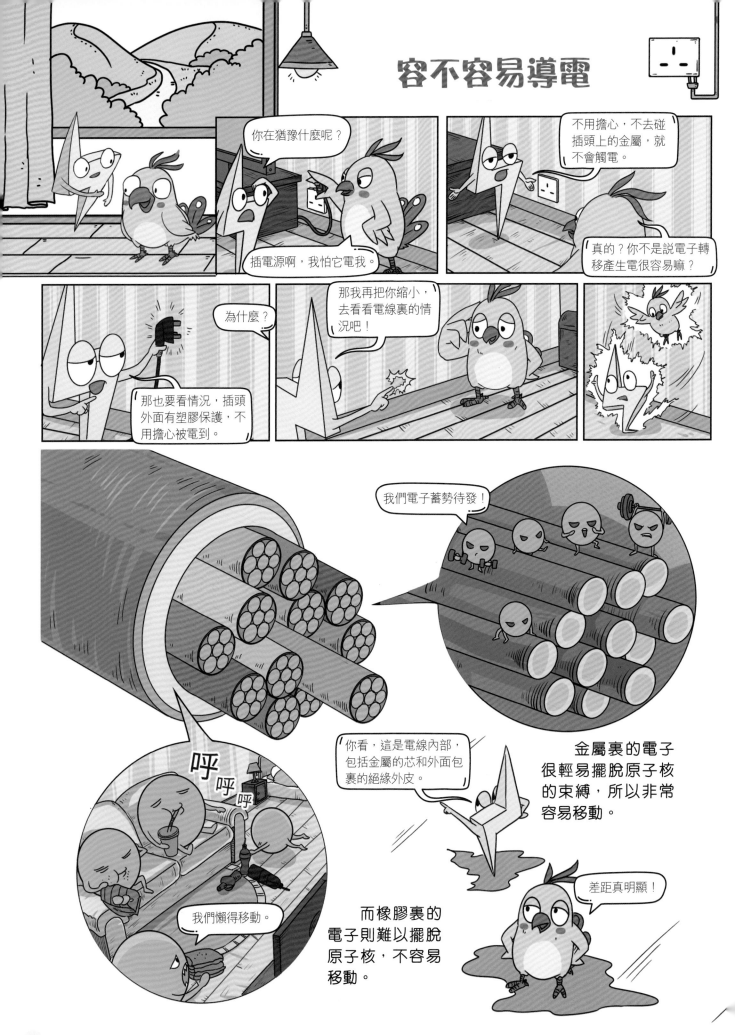

你在猶豫什麼呢？

插電源啊，我怕它電我。

不用擔心，不去碰插頭上的金屬，就不會觸電。

真的？你不是説電子轉移產生電很容易嘛？

為什麼？

那也要看情況，插頭外面有塑膠保護，不用擔心被電到。

那我再把你縮小，去看看電線裏的情況吧！

我們電子蓄勢待發！

呼 呼呼

你看，這是電線內部，包括金屬的芯和外面包裹的絕緣外皮。

金屬裏的電子很輕易擺脫原子核的束縛，所以非常容易移動。

我們懶得移動。

而橡膠裏的電子則難以擺脫原子核，不容易移動。

差距真明顯！

衝啊！

通電之後，金屬裏的電子就移動起來，有電經過；而絕緣外皮就沒有電。

這些傢伙都睡着了！看來外皮確實很安全。

呼 呼呼
呼 呼呼
呼 呼

像金屬這種容易導電的材料稱為「導體」。

像橡膠這樣不容易導電的材料則叫「絕緣體」。

所以我們只要知道材料裏的電子愛不愛動，就能找出良好的導體。

適當運用導體和絕緣體就能有效利用電了。

有趣的超導現象

你知道嗎？現在的科學家還發現了一種有趣的導電現象——超導。

那是什麼？

那是某些材料在特殊溫度下，對電子移動的阻礙幾乎為零，電導率大幅增加的現象。

看我倒一些超級冷的液態氮……

哇！電子變得超級活躍了。

11

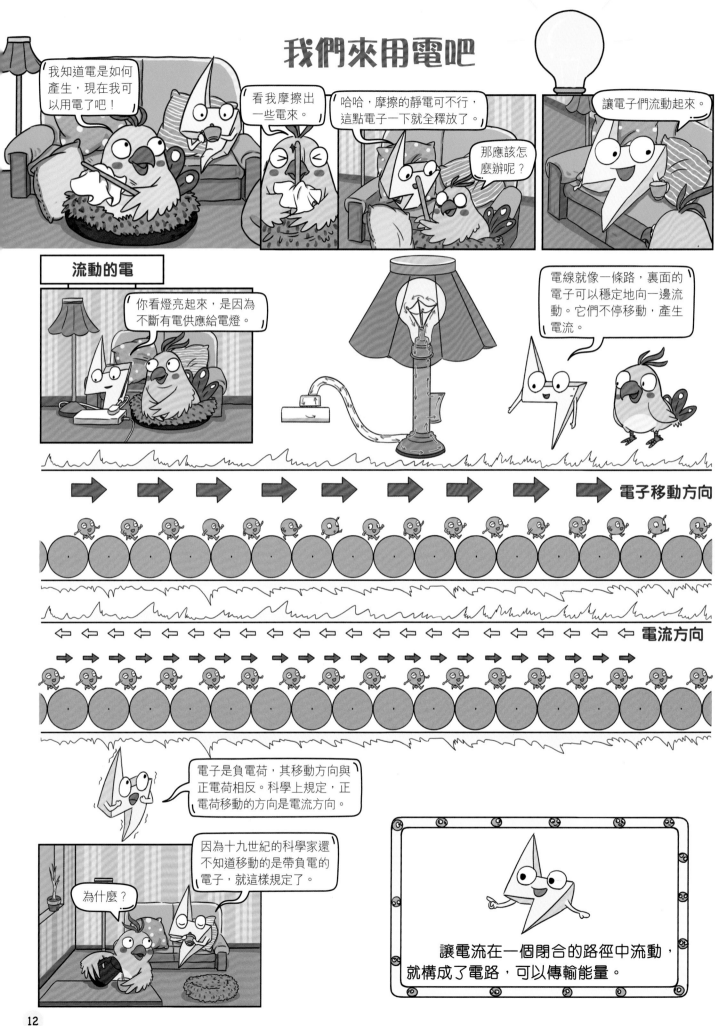

我們來用電吧

我知道電是如何產生，現在我可以用電了吧！

看我摩擦出一些電來。

哈哈，摩擦的靜電可不行，這點電子一下就全釋放了。

那應該怎麼辦呢？

讓電子們流動起來。

流動的電

你看燈亮起來，是因為不斷有電供應給電燈。

電線就像一條路，裏面的電子可以穩定地向一邊流動。它們不停移動，產生電流。

電子移動方向

電流方向

電子是負電荷，其移動方向與正電荷相反。科學上規定，正電荷移動的方向是電流方向。

因為十九世紀的科學家還不知道移動的是帶負電的電子，就這樣規定了。

為什麼？

讓電流在一個閉合的路徑中流動，就構成了電路，可以傳輸能量。

電路與開關

最簡單的電路包括電源、開關和電子元件，以及連接它們的導線。

電源

導線　　　　開關

電子元件（燈泡）

對於電子來說，電路就是讓我們奔馳的公路。

一些玩具裏面也有電路，有電池作為電源，它就能一直跑下去。

但是它一直跑也很麻煩啊！

所以我們在上面裝了開關。關掉開關吧！

斷開開關，電路就斷開，電路沒有閉合，電子就不能流動了。

哦，所以電器就不工作了。

誰把路斷了？我們還沒跑夠呢！

連接開關，電路又通了，電器又能工作了。

真方便，這樣我們就能控制電流。

哈哈，我們快走吧！

13

🔍 家中所用的電

我們在家中使用的電器都是接在家居電路中的電子元件。現在你已經對電有所了解，再看看這些電器，你會發現很多與電相關的科學知識。

直流電

由電池產生的電流中，電子會一直從負極跑到正極，從不改變方向。這種方向不變的電流叫「直流電」。

交流電

接在牆壁上的電源中的電子，會有時向前跑有時向後跑，在一秒鐘內變一百次方向！這種方向會不斷變化的電流叫「交流電」。

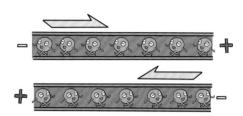

我們利用拖板來分流電力，就可以把交流電送到更多的電器上。

連接插座的家用電器使用交流電。

公插頭
（插蘇）

安全使用拖板

拖板雖是幫助我們分流電力的好幫手，但在使用時也要注意安全。為避免電路負荷過重，造成火警危險，每一個供電插座上只可插上一個拖板，不應再在拖板上插上另一個拖板或萬能插頭。此外，也要注意不要利用拖板的電線將拖板懸掛起來，以免損壞接線，造成危險！

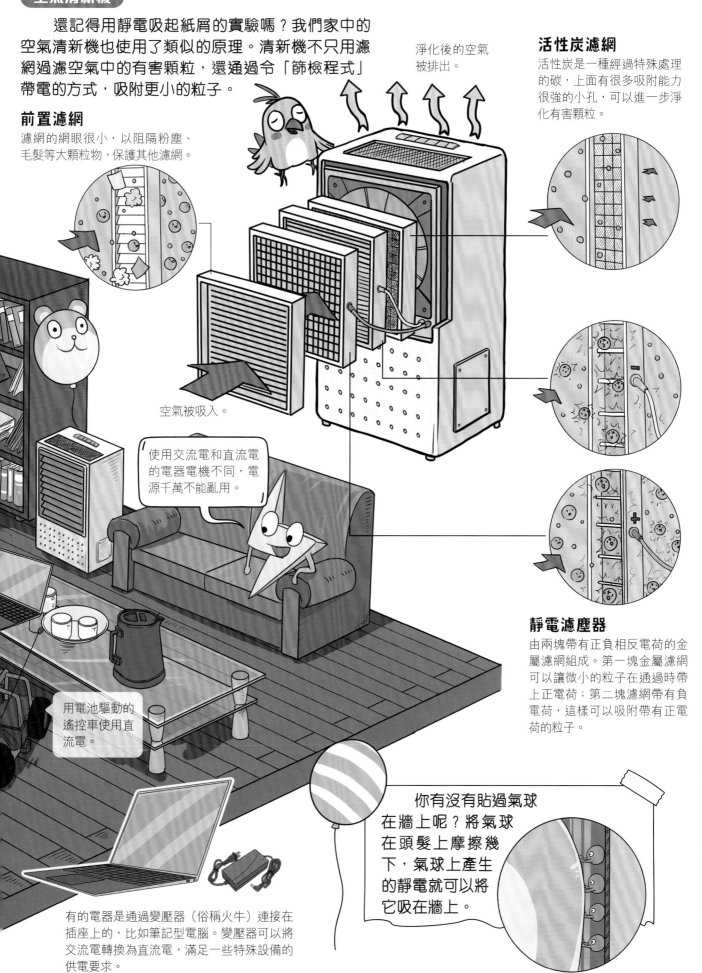

空氣清新機

還記得用靜電吸起紙屑的實驗嗎？我們家中的空氣清新機也使用了類似的原理。清新機不只用濾網過濾空氣中的有害顆粒，還通過令「篩檢程式」帶電的方式，吸附更小的粒子。

淨化後的空氣被排出。

活性炭濾網
活性炭是一種經過特殊處理的碳，上面有很多吸附能力很強的小孔，可以進一步淨化有害顆粒。

前置濾網
濾網的網眼很小，以阻隔粉塵、毛髮等大顆粒物，保護其他濾網。

空氣被吸入。

使用交流電和直流電的電器電機不同，電源千萬不能亂用。

用電池驅動的遙控車使用直流電。

靜電濾塵器
由兩塊帶有正負相反電荷的金屬濾網組成。第一塊金屬濾網可以讓微小的粒子在通過時帶上正電荷；第二塊濾網帶有負電荷，這樣可以吸附帶有正電荷的粒子。

你有沒有貼過氣球在牆上呢？將氣球在頭髮上摩擦幾下，氣球上產生的靜電就可以將它吸在牆上。

有的電器是通過變壓器（俗稱火牛）連接在插座上的，比如筆記型電腦。變壓器可以將交流電轉換為直流電，滿足一些特殊設備的供電要求。

電會往哪兒走

電真是方便，打開開關就通電。

不過，為什麼電會在導線裏流動呢？

因為有電壓。

電壓？那是什麼？

你知道大氣壓和水壓吧！

知道，大氣壓差是產生風的原因，水壓差會讓水流動。

同樣，電壓也會讓電子流動，從而產生電流。

電壓在生活中很常見，你看這個玩具的電池上就寫着1.5V。

V是電壓的單位，稱為「伏特」，簡稱「伏」。

我一直有個疑問，為什麼電池要相互反着放？

因為這樣兩個電池的正極和負極就能接在一起了。

這種一個接一個正負極相連的連接方式叫「串聯」，這樣連接可以讓電池的電壓相加。

哦，原來是為了使電壓更大。

下面這種正極與正極，負極與負極相連的方式就叫「並聯」。並聯電壓與單個電源相同。因為電池之間可能有電勢差，並聯會讓電在電池之間流動，造成不必要的損耗。

難怪沒見過並聯的電池。

阻礙電流的電阻

🔍 升壓和降壓，有趣的變壓輸電

我們日常所用的電都是用大型發電廠的巨型發電機產生，經過線纜的傳輸才送到千家萬戶的。在輸電的過程中，電壓扮演了重要的角色。

高壓輸電

電從發電廠到家中，中間要經歷升壓和降壓的過程。這樣做是因為電壓越高，在電纜中輸送時因電熱等原因產生的損耗會越少，所以遠距離輸電時，電壓會加到特高壓。但是，家中一般的電器無法承受太高的電壓，所以便要將電壓降至我們生活所用的220V。

降壓變壓器

電流要經過這裏的變壓器變為家庭使用的220V電壓。（現在多為箱式變壓器。）

發電站

發電站中的發電機組可以產生數千伏的高壓電。

發電站

變電站

家庭用電

音響

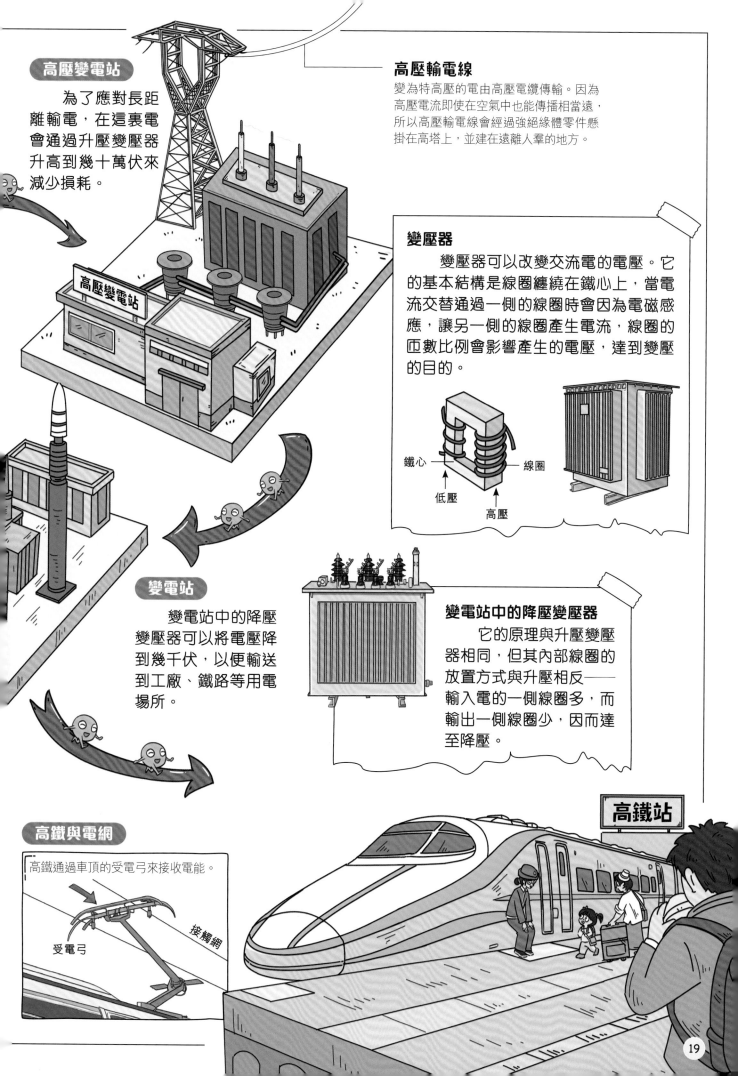

高壓變電站

為了應對長距離輸電，在這裏電會通過升壓變壓器升高到幾十萬伏來減少損耗。

高壓變電站

高壓輸電線

變為特高壓的電由高壓電纜傳輸。因為高壓電流即使在空氣中也能傳播相當遠，所以高壓輸電線會經過強絕緣體零件懸掛在高塔上，並建在遠離人羣的地方。

變壓器

變壓器可以改變交流電的電壓。它的基本結構是線圈纏繞在鐵心上，當電流交替通過一側的線圈時會因為電磁感應，讓另一側的線圈產生電流，線圈的匝數比例會影響產生的電壓，達到變壓的目的。

鐵心 —— 線圈

低壓

高壓

變電站

變電站中的降壓變壓器可以將電壓降到幾千伏，以便輸送到工廠、鐵路等用電場所。

變電站中的降壓變壓器

它的原理與升壓變壓器相同，但其內部線圈的放置方式與升壓相反——輸入電的一側線圈多，而輸出一側線圈少，因而達至降壓。

高鐵站

高鐵與電網

高鐵通過車頂的受電弓來接收電能。

受電弓

接觸網

會生熱的電

這寒流來得好突然，家裏好冷啊！

我給你帶來一個好東西——電暖爐。

雪中送炭啊！

好暖啊！電暖爐好神奇，沒有看到火，卻很熱。

這叫「電熱」，是一種電能轉化為熱能的現象。

電流通過導體時會發熱。在電流不變的情況下，導體的電阻越大，電流通過時就越容易發熱。

電阻好大，太難走了！

它們看起來又擠又熱呢！

英國著名的物理學家焦耳做了很多實驗，研究出了電生熱現象的規律。

感謝焦耳，現在我才能這麼舒適。

電流通過導體的熱量，與電流的平方、導體的電阻，還有通電時間成正比。

R 是代表電阻的符號。

科學家這個說法有點難懂。簡單解釋一下，就是電流、電阻越大，通電時間越長，產生熱量越多。

時間

電阻

電流

方便的電熱小電器

加熱是最常見的用電方式之一。電熱方便環保，不需要在家中使用額外的燃料。現在我們身邊方便的電熱家電已經越來越多，想知道它們都是怎樣工作的嗎？

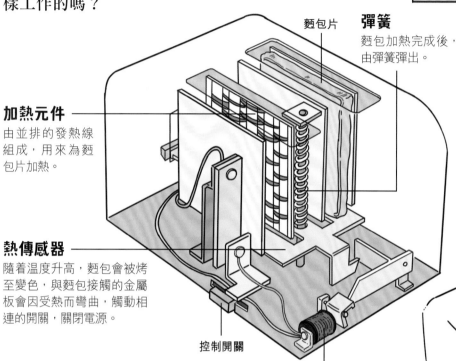

麵包片

彈簧
麵包加熱完成後，由彈簧彈出。

加熱元件
由並排的發熱線組成，用來為麵包片加熱。

熱傳感器
隨着溫度升高，麵包會被烤至變色，與麵包接觸的金屬板會因受熱而彎曲，觸動相連的開關，關閉電源。

控制開關

電磁線圈
當開關被頂起後，電磁線圈就通電了，產生的磁力會吸附抓鈎，使之鬆開，讓麵包架彈起。

烤麵包機

烤麵包機是一種利用電熱給麵包片加熱的電器。放入麵包片，按下控制開關，烤麵包機就會開始工作。

麵包片加熱完，熱傳感器會使電源自動關閉，並把麵包片彈起來，方便拿取。

全自動麵包機

這種麵包機由晶片控制，只要放入適量的麵粉、水、酵母、鹽等原料，機器就會自動完成攪拌、發酵、烘烤等步驟，烤出好吃的麵包。

風筒

用來吹乾頭髮的風筒可以方便地製造熱風。雖然機器的造型多樣，但內部的原理是相似的，都有發熱線，在通電之後產生熱量。背後放置着風扇來吹出熱空氣。

出風口

發熱線

風扇馬達

風扇

恆溫器

如果風筒因氣流堵塞等原因造成溫度異常升高，恆溫器就會自動切斷電源，確保安全。

開關

電熱水壺

傳統的電熱水壺有長長的加熱組件盤繞在壺中，直接給水加熱。部分熱水壺有恆溫器，在水沸騰後就會斷電。

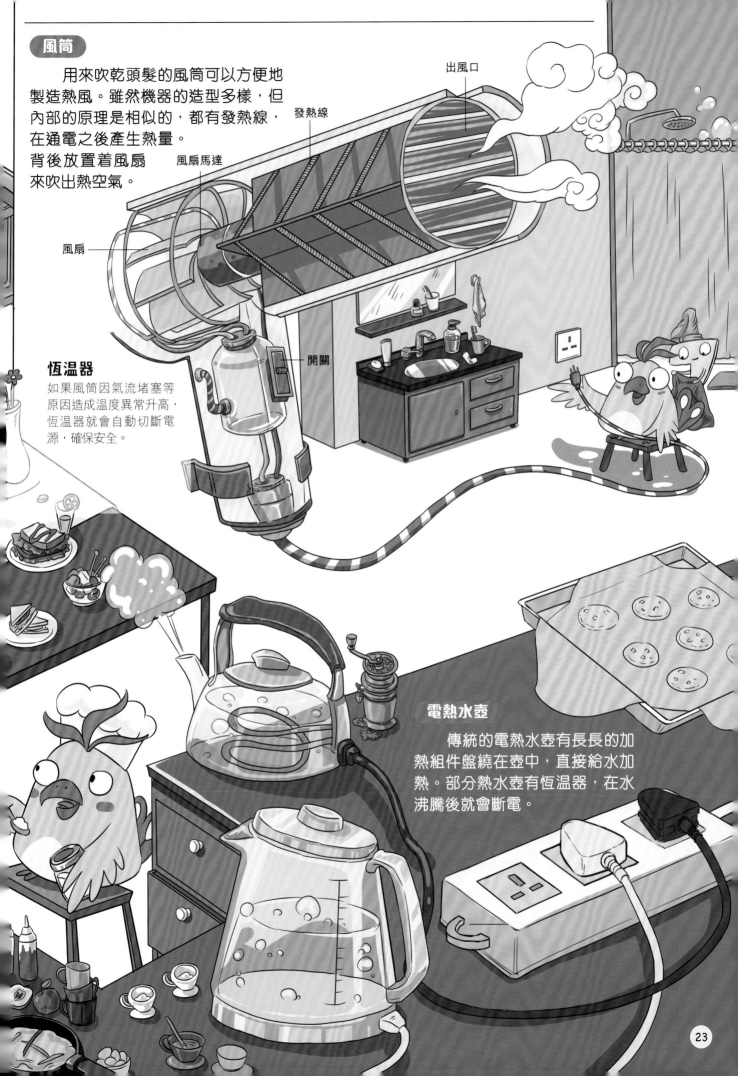

🔍與電安全相處的方式

你知道嗎？我們家中所用的電也是有一套家居電路系統的，它不但可以方便地提供電能，還有一系列保護我們的用電安全措施。電為我們的生活帶來便利的同時，也有很多安全隱患，學會安全地與電相處非常重要。

火線和中線

香港家庭用電中，進入用戶家中的電線一般有三根，分別是地線、火線和中線。負責供電的是火線和中線。

總開關

家中電路的總開關，可以關閉和接通所有的電源接頭。一般家居還設有分開關，分別控制各個房間的插座用電、照明用電、空調用電等。

電錶
用於計算家中的用電量。

保險裝置
在總開關後就是保險裝置。傳統的保險裝置中有熔斷器（俗稱保險絲），當通過的電流過大時，熔斷器會燒斷造成斷電，確保安全。

中線

火線

地線

保險裝置

熔斷器是簡易的保險裝置。

現在，家居電路中更常見的是這種空氣開關，當電流過大時它會自動斷開，俗稱「跳制」。在發現電路問題並解決後，重新閉合開關即可恢復供電。

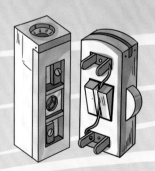

敞開插入式熔斷器

封閉管式熔斷器

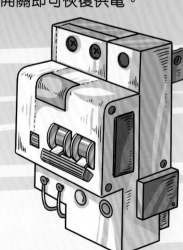

地線

地線讓用電設備的電流可以導到地表，避免電器漏電時發生危險。

分辨中線和火線對於用電很重要，電工會用試電筆測試，當筆頭接觸火線會顯示有電流產生。小朋友千萬不要觸碰插座！

電流超載

一般家中所使用的電壓是恆定的220V，如果同時運行的大功率電器很多，在電路中通過的總電流就會上升。當電流超過安全值，就可能會發生故障，甚至引起火災。

連接過多電器，過於雜亂也是用電隱患。

觸電事故

當人體接觸電，形成閉合電路，有電流經過人體時就會發生觸電事故。對於家用電路一般有下面兩種情況。

如果發生觸電事故，首先要切斷電源，再展開救援。

電線短路

電線短路是一種常見而危險的故障，這是因為中線與火線被直接接通，此時會有大量的電流通過，產生高溫。有時電器的電線老化，絕緣層脫落便會造成電線短路。

①同時接觸了中線和火線，電流經過身體形成回路，發生觸電。

②接觸了火線，電流經過人體與地面，和電網中的供電設備形成回路，同樣會發生觸電。

觸電的傷害與電壓有關，比如普通乾電池的電壓很低，手摸正負極並不會發生觸電事故。家用電路中的電壓足以構成觸電傷害，高壓電更加危險。高壓電即使接近也可能發生觸電，所以要遠離高壓電。

我知道了。

看不見的神秘力量——磁

今天我來介紹一位新朋友，我的好拍檔——磁。

你好！

你好！

電的拍檔一定不簡單，你也會什麼絕活吧？

我能吸引物體。

我有超能力。

有時，我還能排斥物體。

簡單來説，磁是一種無形的力。

厲害吧！

不過我的能力只能應用在部分物體上，有的東西不受我影響。

這能力還挺複雜。

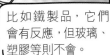

比如鐵製品，它們會有反應，但玻璃、塑膠等則不會。

有很多工具應用了我的能力，最常見的就是磁鐵。它們有很多形狀。

通過磁鐵和這些鐵粉你能更容易了解我。

你看，把磁鐵靠近鐵粉，鐵粉形成了特別的圖案。

哇！

這個圖案就表現出磁體周圍有磁力的區域，叫作「磁場」。

鐵粉沿着磁場排列成線，從磁鐵的一頭到另一頭。

兩極周圍的鐵粉又多又密，說明這兩極的磁性最強。

看不見的磁場

磁性地球

地球是一顆由礦物構成的星球，其內部主要是熔化的鐵和鎳。這些金屬在地球內部流動，形成磁場，把地球變成了一顆「大磁鐵」。

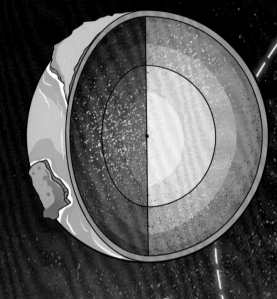

地球的無形保護者

太陽發射出的太陽風是一種帶電粒子，它會破壞地球的臭氧層。臭氧層是保護地球上的生命不受宇宙輻射傷害的重要屏障。幸好帶電粒子只能沿着磁場線移動，所以地球的磁場能使太陽風轉偏，保護地球。

因為抵禦太陽風，地球朝向太陽一側的磁場被壓縮，而另一側舒展。

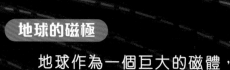
地球作為一個巨大的磁體，它的磁極大概就在地球的南極和北極。不過磁極和地球上的南、北極並不是同一點，因為地球內部的金屬在流動，所以地球的磁極也是在移動的。

用磁場確定方向

很久以前，人們就發現了處在地球磁場中的磁鐵可以指明方向。因為磁鐵的北極會被地球磁場的南極吸引，從而指向南方。在中國古代就發明了司南這指向工具。

生物定位

很多生活在地球上的動物，都有定位的本領，例如每年定期遷徙的鳥類。科學家分析，在一些昆蟲、鳥類、魚類的身體中有微小的天然磁體，能助牠們像指南針一樣確定方向。

沒想到你這麼厲害，保護了整個地球的生命呢！

過獎過獎，這都是大自然的奧妙。

美麗的極光

夢幻般的極光是地球磁場附贈的禮物。太陽風中的帶電粒子會被磁場引導到南北兩極，當這些粒子與高層大氣中的粒子發生「摩擦」時就出現了美麗的極光。

🔍 磁化和消磁——方便的磁應用

看不見的磁是一種用起來很方便的力。人們可以通過非常簡單的方法給一些物體賦予或消除磁性，這就是磁化和消磁。

磁感應

為什麼磁體能吸起鐵這樣的物體呢？因為磁體產生的磁場進入了金屬內，把金屬也變成了磁體，由於兩個磁體異極會互相吸引，它們就吸在了一起。

磁化

這把螺絲批是磁鐵做的嗎？

不，它只是被磁化了。

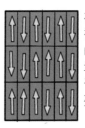
在金屬內部有被稱為「磁疇」的小型磁化區域，沒有磁場干預時，其排列雜亂無章。

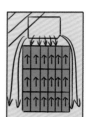
當用磁鐵等磁體靠近金屬後，就會使磁疇重新排列成一致，這塊金屬也就變成了磁體。

把磁鐵放在螺絲批尖端一段時間就可以讓它磁化。有些物體在磁化之後可以長時間保持磁性，被稱為「硬磁材料」；有些則不容易保持磁性，被稱為「軟磁材料」。硬磁材料還有很多有趣的用法。

磁記錄

我們可以將硬磁材料做成儲存介質，比如卡式錄音帶和磁卡。用微小的磁頭來改變這些材質中磁顆粒的磁極方向，從而記錄資訊。當需要時，再用設備讀取出這些磁極放大後的信號就可以了。

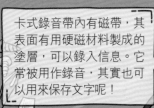
卡式錄音帶內有磁帶，其表面有用硬磁材料製成的塗層，可以錄入信息。它常被用作錄音，其實也可以用來保存文字呢！

錄音帶播放器會將磁帶從錄音帶外殼中轉出來，讓它經過播放器的磁頭，以讀取其中記錄的資訊。

消磁

跟物體的磁化相反，讓物體失去磁性就是消磁。有時消磁會給我們帶來麻煩，有時它也是確保精密設備正常工作的必要養護方法。

讓物體消磁的方法有很多，比如：衝擊、加熱等。

果然吸不起來了。

因為剛才的衝擊，裏面的磁疇又變得雜亂無章了。

當我們把一些物體，比如銀行卡放在磁場邊，也可能會消磁。因為它本來的磁疇改變了，這張卡就可能無法使用了。

有些物品帶有磁性會造成麻煩，比如精密的機械錶，當其中的零件帶有磁性後，會讓錶變快了，無法正確計時。這時就要給它消磁，只需放在專門的儀器上一會兒，它就可以恢復正常。

舊式電視如果被磁化就無法正確顯示顏色。為了避免這種情況，電視中都安裝有消磁電阻。

有這種小金屬晶片的卡片叫「快閃記憶卡」，卡內部有小型的記憶體，可以把資訊變成電信號儲存起來，再使用讀卡器讀取。

電腦中所用的硬碟內也是一張用於讀寫的碟片，它的上面也有硬磁材料做成的塗層，可以通過磁頭來儲存和讀取資料。

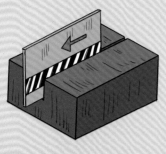

帶有一道黑色磁條的卡片是磁卡，這種磁條和卡式錄音帶內的磁帶都是用磁性儲存資訊。

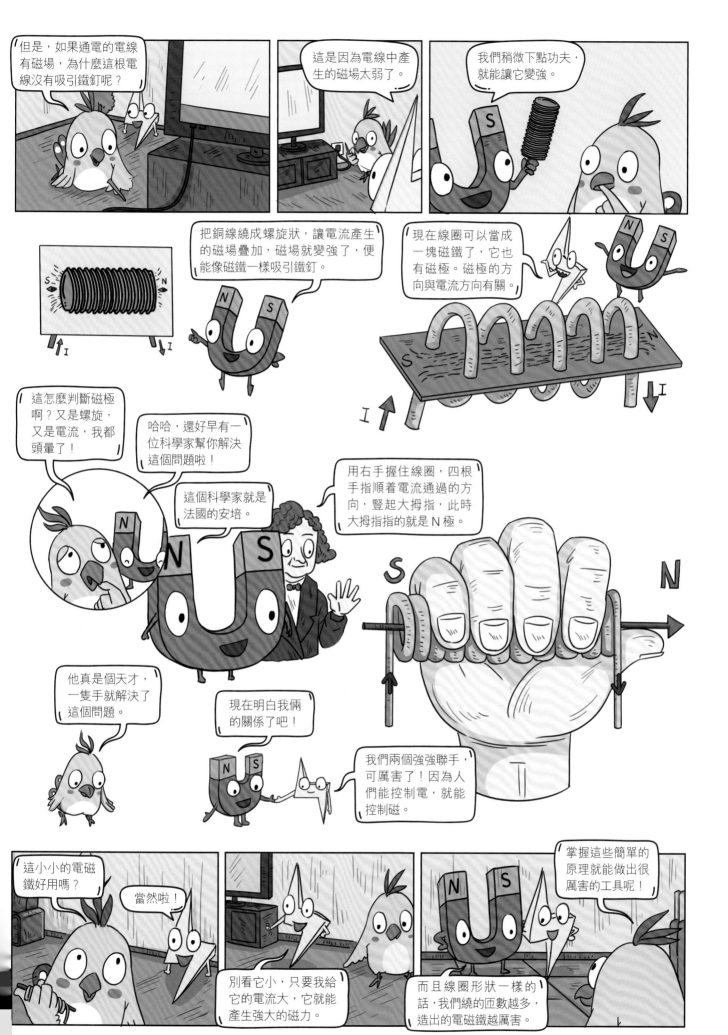

但是，如果通電的電線有磁場，為什麼這根電線沒有吸引鐵釘呢？

這是因為電線中產生的磁場太弱了。

我們稍微下點功夫，就能讓它變強。

把銅線繞成螺旋狀，讓電流產生的磁場疊加，磁場就變強了，便能像磁鐵一樣吸引鐵釘。

現在線圈可以當成一塊磁鐵了，它也有磁極。磁極的方向與電流方向有關。

這怎麼判斷磁極啊？又是螺旋，又是電流，我都頭暈了！

哈哈，還好早有一位科學家幫你解決這個問題啦！

這個科學家就是法國的安培。

用右手握住線圈，四根手指順着電流通過的方向，豎起大拇指，此時大拇指指的就是N極。

他真是個天才，一隻手就解決了這個問題。

現在明白我倆的關係了吧！

我們兩個強強聯手，可厲害了！因為人們能控制電，就能控制磁。

這小小的電磁鐵好用嗎？

當然啦！

別看它小，只要我給它的電流大，它就能產生強大的磁力。

而且線圈形狀一樣的話，我們繞的匝數越多，造出的電磁鐵越厲害。

掌握這些簡單的原理就能做出很厲害的工具呢！

強大的電磁鐵

用電產生磁最簡單的應用就是電磁鐵，它是一種結構簡單又方便的工具。

給鐵釘纏繞上電線，一個簡單的電磁鐵就做好了。

通電就產生磁場啦！

有些貨車使用電動機驅動，與新能源汽車不同，它的電動機一般放置在牽引車的後輪部位。別看電動機比傳統引擎小，卻能爆發出強大的牽引力。

很多工程機械上都加裝了電磁鐵，用來搬運金屬物品。

電池

電動機

電動機

現在道路上行駛的新能源汽車都是以電作為能源，而將電能轉化為動力的裝置就是電動機（馬達），它也是一種應用電磁鐵的高效裝置。電動機運轉時不會產生污染，運行起來安靜又穩定，並且能爆發出強勁的動力。

電動機由周邊的定子和內部的轉子組成。

定子

被固定住的外層部分。內部有線圈，它通電後就是一個電磁鐵。

轉子

中心可以旋轉的部分，包含多個由線圈纏繞而成的電磁鐵。當接通電流時，轉子會產生磁場，以磁力轉動。

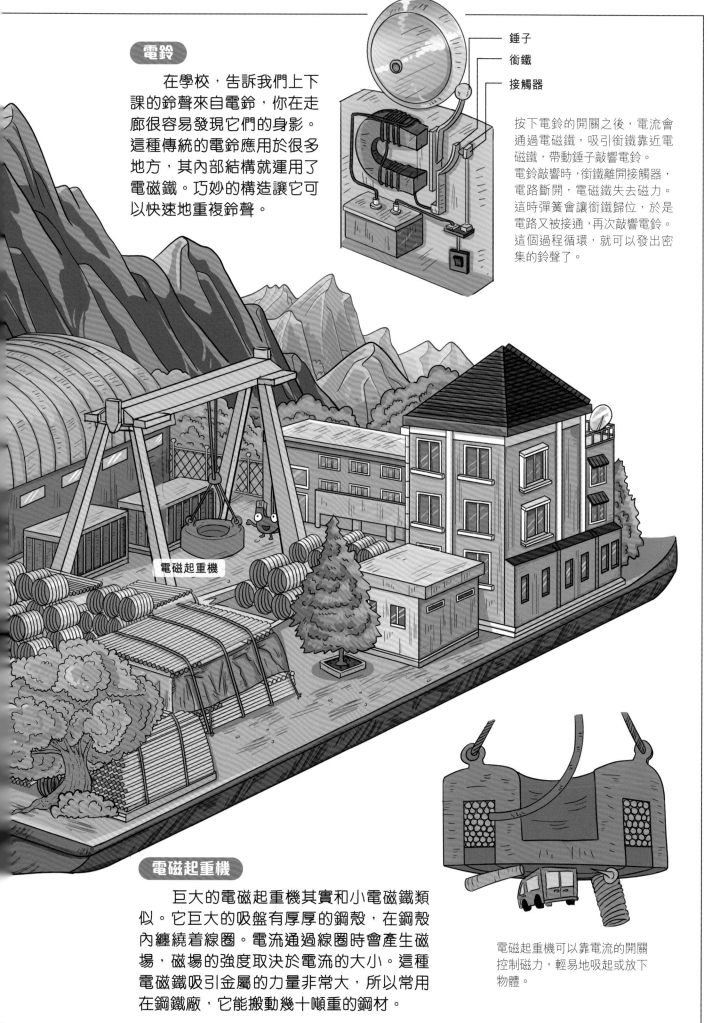

電鈴

在學校，告訴我們上下課的鈴聲來自電鈴，你在走廊很容易發現它們的身影。這種傳統的電鈴應用於很多地方，其內部結構就運用了電磁鐵。巧妙的構造讓它可以快速地重複鈴聲。

錘子
銜鐵
接觸器

按下電鈴的開關之後，電流會通過電磁鐵，吸引銜鐵靠近電磁鐵，帶動錘子敲響電鈴。電鈴敲響時，銜鐵離開接觸器，電路斷開，電磁鐵失去磁力。這時彈簧會讓銜鐵歸位，於是電路又被接通，再次敲響電鈴。這個過程循環，就可以發出密集的鈴聲了。

電磁起重機

電磁起重機

巨大的電磁起重機其實和小電磁鐵類似。它巨大的吸盤有厚厚的鋼殼，在鋼殼內纏繞着線圈。電流通過線圈時會產生磁場，磁場的強度取決於電流的大小。這種電磁鐵吸引金屬的力量非常大，所以常用在鋼鐵廠，它能搬動幾十噸重的鋼材。

電磁起重機可以靠電流的開關控制磁力，輕易地吸起或放下物體。

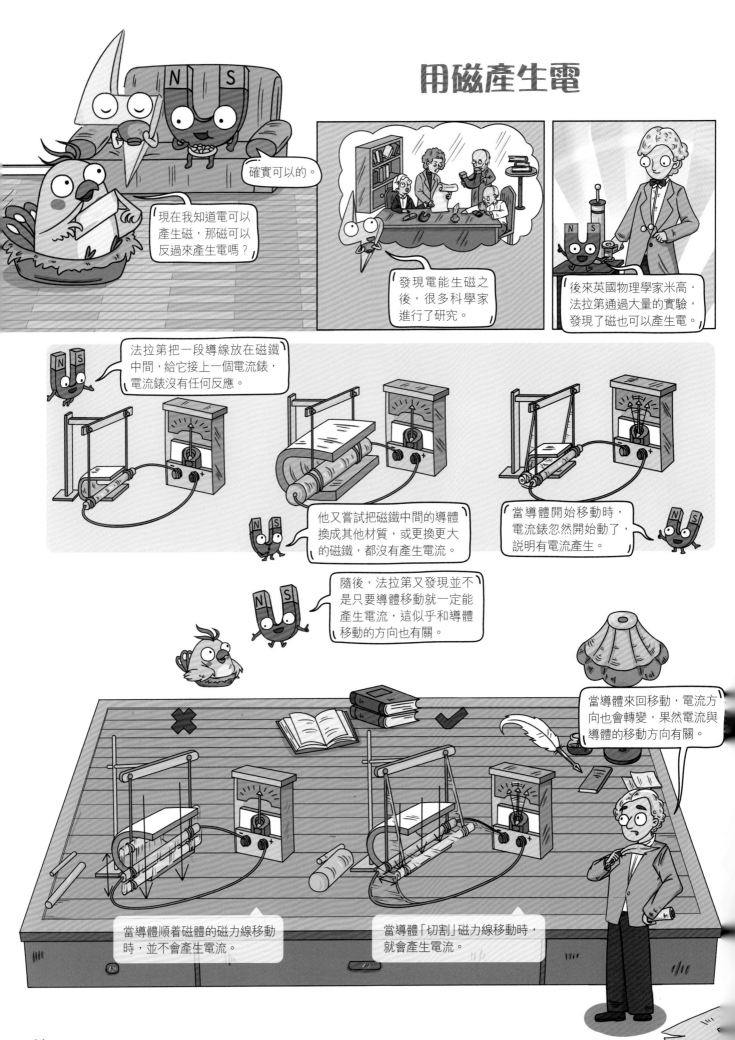

在經過仔細的研究後，法拉第總結了磁生電的條件和規律，讓人們更加了解電和磁的現象之間的關係。

基於法拉第的發現，人們造出了發電機，從此步入了電氣化時代。

那我們使用的電是如何生產的呢？

給你做個簡易版看看吧！

不過這種旋轉發電的方式會讓產生的電流隨着旋轉，來回變換方向，就產生了交流電。

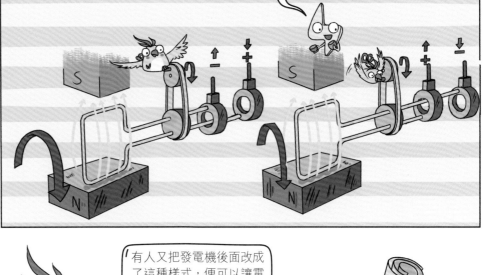

簡單來説，發電機就是一個在磁場中不斷旋轉的線圈。因為旋轉，所以線圈可以不斷「切割」這個磁場的磁力線，從而產生電流。

有人又把發電機後面改成了這種樣式，便可以讓電流方向保持一致，就成為直流發電機啦！

用旋轉的線圈就能發電，科學家真聰明。

各式各樣的發電廠

　　生活中所使用的電來自發電廠，當中有巨大的發電機組可以生產大量的電能。那些看起來非常龐大而先進的發電機運用的原理同樣是讓金屬線圈切割磁力線。因為推動發電機轉動的動力多種多樣，所以有火力、水力、風力等多種發電廠。

發電廠使用的發電機

　　由於大型發電機的線圈過於沉重，所以通常將線圈作為發電機外部的定子，將磁鐵作為轉子在內部旋轉。為了讓磁場足夠強大，發電機中一般也用電磁鐵代替永久磁鐵。

包含線圈的定子

內部旋轉的
電磁鐵轉子

水力發電站

　　通過修建大壩，可以提升河道上游的水位，讓水擁有更大的勢能。這時通過引水管道將高位的水向低位引流，水流動的巨大力量就可以推動水輪機扇葉旋轉，渦輪帶動發電機的轉子，就可以源源不斷地發電了。

　　水力發電是一種清潔、環保且廉價的發電方式。但是建造周期較長，容易受到地形的限制而難以裝配容量大的發電機。它也容易受乾旱、洪水等的影響。此外，改變河流的流量也可能會對下游的環境造成影響。

風力發電

在一些地理環境特殊的地區，長年多風，就可以修建巨大風車——風力發電機來發電。這些地方可見到數量眾多的風力發電機一同工作，生產出清潔的電能。

因為風力不穩定，所以所產生的電能也有變化。這些電會首先儲存於電瓶中，然後通過變壓器送出持續而穩定的電。

通常風力發電機的扇葉不會旋轉得非常快，所以在發電機內部有齒輪箱，將扇葉的低速旋轉轉變為齒輪的高速旋轉，達到發電機需要的轉速。同時，因為風的大小不定，發電機還要通過調速結構獲得穩定的轉速，以便持續發電。

此外，在發電機下部的偏航馬達可以調節風車的指向，保持迎風發電。

火力發電

火力發電是一種主要的發電形式，通過燃燒可燃物的熱能，推動發電機工作。根據燃料不同，有燃煤、燃油、燃氣等多種發電方式。因為化石燃料是不可再生資源，燃燒也會造成環境污染，現在世界各國均正在積極使用其他的發電形式。

火力發電機組中有巨大而結構複雜的渦輪，它可以高速旋轉為發電機帶來強大的動力。

將河流中的水引入發電廠，把高溫蒸汽冷卻成液體。

燃燒煤炭所產生的氣體會被送往鍋爐。

水蒸氣

在鍋爐中水被加熱成水蒸氣，送往渦輪。

高壓的水蒸氣可以帶動渦輪旋轉。

汽輪機

旋轉的渦輪帶動發電機發電。

鍋爐　水

冷凝器

發電機

冷卻水會循環回河流。

一部分水將水蒸氣冷卻。

🔍 方便的電池

在生活中除了家用電源之外，我們最常用的電源就是電池了。與發電廠中發電機用機械能轉化為電能不同，電池是通過內部含有的化學原料，利用化學反應來產生電的。

電池產生電流的方式

所有的電池都有兩極，其內部裝有能夠產生化學反應的電解質。當反應進行時，電子會聚集在電池的負極，而正極則失去電子。當電池接入電路後，電池的正負極被接通，負極的電子會通過電路向正極移動，由此產生電流。

金屬棒
金屬棒可以收集在反應中脫離的電子。

正極的金屬帽

鋅粉

加碳的二氧化錳

電解質

負極的金屬片
電子從金屬棒傳達到金屬片，得到電子的電極成為負極。

乾電池

最常見的電池被稱為「乾」電池，因為其中的電解質是一種糊狀的化學粉末。當電池被放於電路中時，產生化學反應的鋅失去電子，電子聚集到負極，而二氧化錳在反應中則會得到電子。這些電子並不能通過電池內部傳遞，它們會從電池的負極通過電路再進入正極，從而在電路中產生電流。

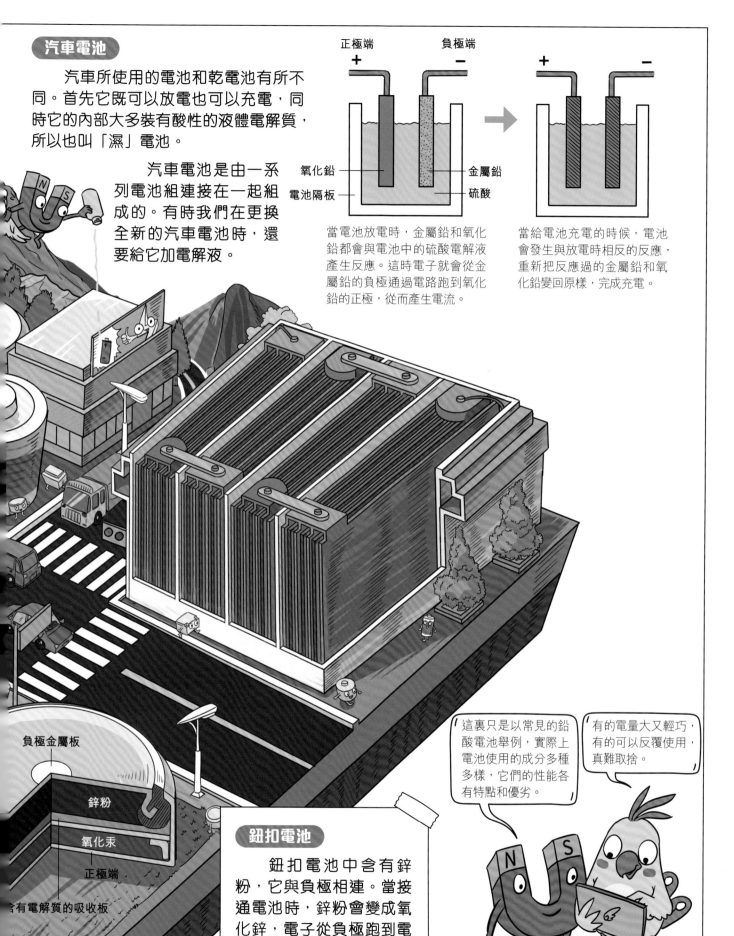

汽車電池

汽車所使用的電池和乾電池有所不同。首先它既可以放電也可以充電，同時它的內部大多裝有酸性的液體電解質，所以也叫「濕」電池。

汽車電池是由一系列電池組連接在一起組成的。有時我們在更換全新的汽車電池時，還要給它加電解液。

正極端　負極端
+　−　　　　+　−

氧化鉛
電池隔板
金屬鉛
硫酸

當電池放電時，金屬鉛和氧化鉛都會與電池中的硫酸電解液產生反應。這時電子就會從金屬鉛的負極通過電路跑到氧化鉛的正極，從而產生電流。

當給電池充電的時候，電池會發生與放電時相反的反應，重新把反應過的金屬鉛和氧化鉛變回原樣，完成充電。

負極金屬板
鋅粉
氧化汞
正極端
含有電解質的吸收板

這裏只是以常見的鉛酸電池舉例，實際上電池使用的成分多種多樣，它們的性能各有特點和優劣。

有的電量大又輕巧，有的可以反覆使用，真難取捨。

鈕扣電池

鈕扣電池中含有鋅粉，它與負極相連。當接通電池時，鋅粉會變成氧化鋅，電子從負極跑到電路中，再跑到正極，產生電流。

🔍 電與磁的有趣發明

可以「看」透地下的金屬探測器

在電影中看到的金屬探測器，能告訴人們地底是否存在金屬，讓人找到埋藏着的寶藏。這背後也應用了電與磁的原理。

金屬探測器可以產生磁場，當地底的金屬遇到移動的磁場時會產生微弱的電流，而這些電流又會產生新的磁場並被金屬探測器感知，它就能發現金屬。

探測頭上接有導線。一根導線為探測頭的檢測線圈供電，另一根導線可以把探測頭感受磁場產生的電信號傳輸到儀錶。

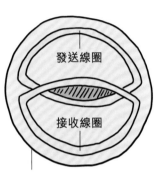

發送線圈

接收線圈

探測頭

金屬探測器的探測頭中有由兩組線圈組成的檢測線圈，它們分別負責產生磁場和感知磁場。

檢測線圈

檢測線圈由發送線圈和接收線圈兩部分組成，它們相互疊加在一起。在外界沒有金屬時，兩個線圈內的電流互相平衡；當遇到金屬時，平衡被打破，檢測線圈就會產生微弱的電流來輸送信號。

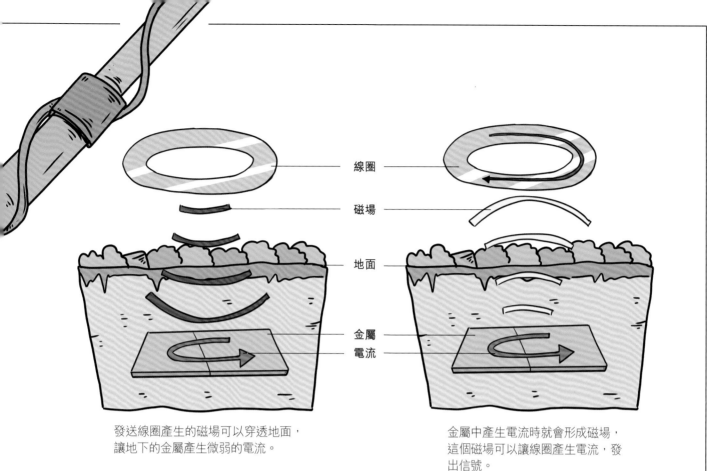

線圈

磁場

地面

金屬

電流

發送線圈產生的磁場可以穿透地面，讓地下的金屬產生微弱的電流。

金屬中產生電流時就會形成磁場，這個磁場可以讓線圈產生電流，發出信號。

發現金屬的安檢門

在機場等地常見的金屬檢測門也應用了和金屬探測器類似的原理。它的線圈放置在門框中，當儀器捕捉到反向電流後，門上的警報燈就會亮起。

金屬探測門的傳感器會發出磁場。

磁場遇到金屬會讓它產生微弱的電流，從而形成磁場。

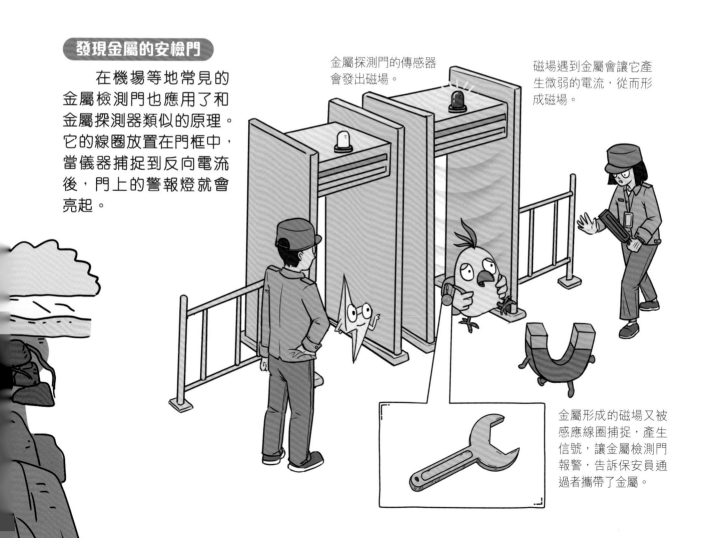

金屬形成的磁場又被感應線圈捕捉，產生信號，讓金屬檢測門報警，告訴保安員通過者攜帶了金屬。

🔍 熱鬧的餐廳

「看見」你的自動門

你知道商店的自動門是如何「看」到你的嗎？它用的是電磁場中的微波。微波可以照射固定的區域，並用探測器捕捉反射回來的微波信號。如果這一區域有物體進入，反射回來的微波頻率就會有變化。

安全波束

在門的上方會發射一道安全波束，以此檢測是否有物體正在通過。這樣門就不會在有人通過時關閉而使人受傷。

微波探測器

這裏的探測器可以發射微波和接收反射微波，當發現有物體靠近便用信號指示開門。

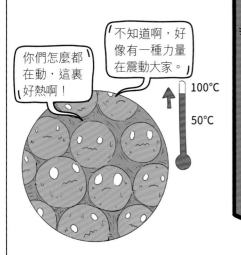

你們怎麼都在動，這裏好熱啊！

不知道啊，好像有一種力量在震動大家。

100°C

50°C

能加熱食物的微波爐

科學家發現電磁場中有着超高震盪頻率的微波，可以震盪食物中的水分子、蛋白質等，讓這些分子互相摩擦、碰撞從而產生熱量。人們由此發明了方便快捷的微波爐。

金屬網

可以將微波擋在爐中，提高效率，減小對外界的影響。

天線

可以將微波發射到爐內加熱食物。

風扇

給微波爐內的電子組件降溫，微波爐內還有排出油煙用的風道。

磁控管

微波爐中的核心組件，它可以用電能產生微波。

變壓器

將家用電源的電壓轉變成電器內部需要的電壓。

轉盤

旋轉食物讓它均勻地受微波影響。現在很多微波爐取消了轉盤，改為變動微波在爐內的方向。

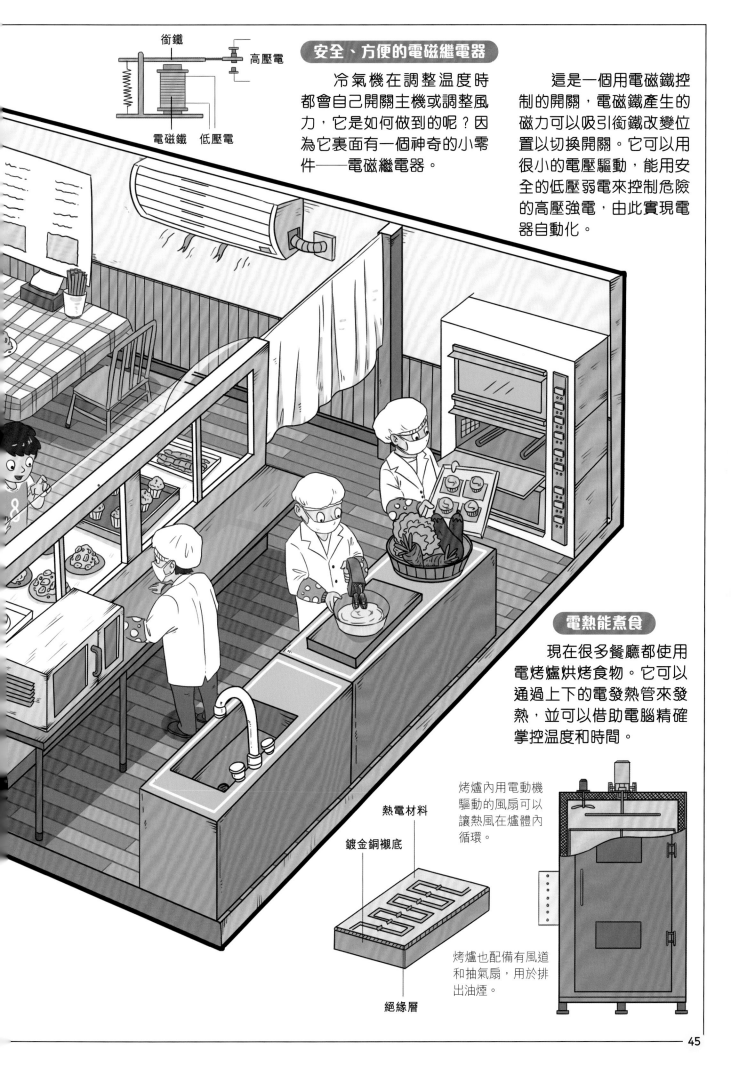

衛鐵
高壓電
電磁鐵 低壓電

安全、方便的電磁繼電器

冷氣機在調整溫度時都會自己開關主機或調整風力，它是如何做到的呢？因為它裏面有一個神奇的小零件——電磁繼電器。

這是一個用電磁鐵控制的開關，電磁鐵產生的磁力可以吸引衛鐵改變位置以切換開關。它可以用很小的電壓驅動，能用安全的低壓弱電來控制危險的高壓強電，由此實現電器自動化。

電熱能煮食

現在很多餐廳都使用電烤爐烘烤食物。它可以通過上下的電發熱管來發熱，並可以借助電腦精確掌控溫度和時間。

熱電材料

鍍金銅襯底

烤爐內用電動機驅動的風扇可以讓熱風在爐體內循環。

烤爐也配備有風道和抽氣扇，用於排出油煙。

絕緣層

忙碌的辦公室

精準的石英鐘錶

　　石英鐘錶是準確度高，造價便宜的計時工具。石英是如何幫人們計時的呢？

　　當石英受到壓力時，內部的帶電粒子會移動，並產生微弱的電荷。反過來，如果給石英施加一個電信號，它就會以固定的周期震動。

　　石英鐘錶就是利用石英這種壓電效應來計時的。在錶中有一個石英震盪器，由電池為它供電，讓石英的震盪產生精確的電流脈衝。這道脈衝經過處理會傳遞到電磁鐵上，驅動電動機轉動，帶動齒輪讓鐘錶計時。

石英震盪器

電動機
電磁力會使電動機轉動，它每秒轉動 180 度。

齒輪
齒輪組把電動機的轉動傳遞到各個指針，讓它們轉動一秒所對應的角度。

電磁體線圈
電磁體線圈中通過電流，產生電磁力。

微型晶片
晶片可以將震盪器傳來的信號處理，產生一秒一次的電信號傳遞給電磁鐵。

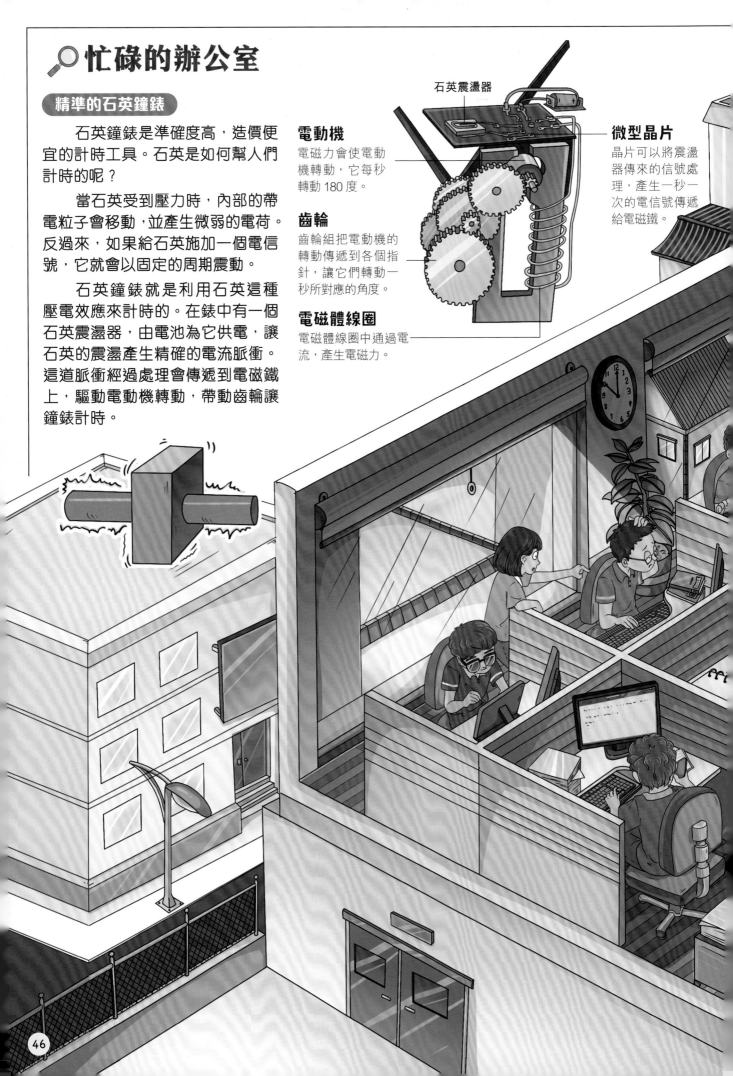

用鍵盤輸入信號

鍵盤是如何把那麼多字母傳遞給電腦的呢？其實在鍵盤裏是一套電路，每個按鍵就像一個開關。按下它，一個閉合的電路就會把電流信號傳達到晶片，由它處理成代碼告訴電腦。

橡膠墊圈

橡膠墊圈可以把按鍵彈回原位，有些機械鍵盤會用彈簧代替橡膠墊圈。

晶片接頭

在按鍵下有晶片接頭，仔細看看家裏的鍵盤，可以發現電路在這裏是斷開的。

墊圈和金屬接頭

每個按鍵下有墊圈和金屬接頭，當金屬接頭被按壓到晶片上時，斷開的電路就被接通。